MÉMOIRE

SUR

LES INONDATIONS,

PAR A. M. COSTA DE BASTELICA,

Inspecteur des Forêts,

Chef de la Commission de Reboisement des Hautes-Alpes.

GAP

TYPOGRAPHIE DE P. JOUGLARD, IMPRIMEUR DE LA PRÉFECTURE

REBOISEMENT DES MONTAGNES.

MÉMOIRE

SUR

LES INONDATIONS.

REBOISEMENT DES MONTAGNES.

MÉMOIRE

SUR

LES INONDATIONS,

PAR A.-M. COSTA DE BASTELICA,

Inspecteur des Forêts,

Chef de la Commission de Reboisement des Hautes-Alpes.

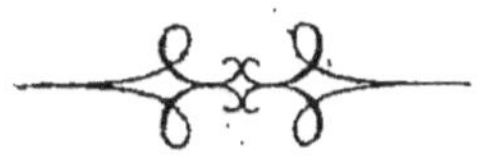

GAP,

TYPOGRAPHIE DE P. JOUGLARD, IMPRIMEUR DE LA PRÉFECTURE.

1868

TABLE DES MATIÈRES.

INTRODUCTION.

—

Les dernières inondations sont venues de nouveau appeler l'attention publique sur le grave
problème de l'endiguement des cours d'eau et sur
les moyens de prévenir le retour périodique de ce
fléau. Le moment est donc opportun pour tous
ceux qui ont été à même d'étudier cette question
de produire leurs idées. Le rapport remarquable,
en date du 22 octobre dernier, que Son Exc. M. le
Ministre des Travaux publics vient d'adresser à
l'Empereur sur cette question, est en quelque
sorte un appel à tous les hommes spéciaux, à
quelque catégorie qu'ils appartiennent.

Chargé depuis six ans, c'est-à-dire depuis la

mise à exécution de la loi du 28 juillet 1860 sur le reboisement, de la direction de ce service spécial dans le département des Hautes-Alpes, ayant fait exécuter de nombreux travaux dans les torrents, c'est un devoir pour moi de faire connaître le résultat des observations que mes fonctions m'ont mis à même de faire.

Le champ de mes opérations, qui embrasse les sources de la Durance et du Drac et une vaste région de hautes montagnes sillonnée par des torrents tels qu'on n'en voit nulle part ailleurs, était éminemment propre à cette étude.

Pour lutter contre une force quelconque, pour bien apprécier les obstacles à lui opposer, soit préventifs, soit préservatifs, il faut d'abord l'étudier, la mesurer et en déterminer les lois. Si ces lois ne sont pas exactement connues, la discussion des moyens à employer s'égare nécessairement dans des spéculations qui laissent le champ libre à tous les systèmes et aux suppositions souvent les plus erronées. Il est donc indispensable, avant de passer outre, de définir d'une manière rigoureuse les causes de la rupture des digues et des débordements des cours d'eau.

Ici, je dois demander pardon aux Ingénieurs

hydrauliciens d'empiéter sur leur domaine ; mais pour savoir enfin à quoi il faut s'en tenir sur le degré d'utilité des forêts, je suis forcé d'interroger d'abord les lois de l'hydraulique et de leur demander ce qu'elles veulent.

Ces lois sont obscures dans la partie inférieure des grands cours d'eau et ne se révèlent pas à la simple observation.

Les deux forces qui luttent, savoir : la vitesse de l'eau qui représente la puissance et le poids des matériaux qu'elle charrie qui représente la résistance, sont alors réduites à leurs plus faibles proportions, à cause de la faible pente du lit qui d'une part diminue la vitesse et de l'autre ne permet pas aux plus gros matériaux de parvenir dans cette partie du fleuve. Celui-ci n'offre alors à la vue qu'une masse bourbeuse qui s'écoule sans interruption. Les faits se passent autrement dans les torrents, mais toujours d'après les mêmes lois. Sur des pentes qui atteignent 8 et 10 pour cent, d'une part la vitesse de l'eau est extrême et de l'autre des pierres d'un volume énorme sont mises en mouvement. Les deux forces sont là élevées à leur plus haute puissance, et je ne dirai pas qu'il est facile alors, à première vue, de constater les lois auxquelles elles sont soumises, mais une observation attentive et soutenue finit par les découvrir.

CHAPITRE 1er.

HYDRAULIQUE.

Je suppose nécessairement un fleuve qui charrie beaucoup. Dans ceux qui charrient très-peu, les lois de l'hydrostatique ne sont troublées par aucune cause étrangère, et il n'y a point de problème à résoudre. Ils ne sont point dangereux.

La présence dans le fleuve d'une grande masse de matériaux en mouvement au moment des inondations ne peut être contestée. Les déjections laissées par les eaux après leur débordement l'attestent assez. Dans le haut du fleuve, ce sont de grosses pierres, plus bas des pierres plus petites, puis toujours en descendant et successiment des galets, des graviers, des sables, jusqu'aux parties les plus fines des terres qui, facilement tenues en suspension dans l'eau, ne se déposent que dans de l'eau stagnante ou par une vitesse très-faible.

Tous les calculs seront nécessairement erronés lors des grandes crues, si on ne tient pas compte de cet élément de perturbation, et c'est d'après cet ordre d'idées que je me propose de chercher la solution du problème.

Deux forces sont en présence : le courant d'eau et le poids des matériaux mis en mouvement.

La solution du problème gît toute entière dans l'étude des effets comparés de l'accélération et du ralentissement de la vitesse.

L'accélération représente l'accroissement de vitesse dans un temps infiniment petit. Elle est donc la différentielle de la vitesse.

La vitesse, fonction du deuxième degré, sera comme le carré de l'accélération.

Le travail, qui est comme le carré de la vitesse, sera comme la quatrième puissance de l'accélération.

L'accélération peut passer par des phrases diverses; elle peut être croissante, continue ou décroissante, et pendant toute cette période la vitesse augmente. Quand l'accélération est représentée par zéro, la vitesse est constante, et quand descendant au-dessous de zéro, elle devient négative, la vitesse diminue, et il y a ralentissement.

J'appelle ralentissement la diminution de la vitesse dans un temps infiniment petit.

Les effets du ralentissement sont diamétralement opposés à ceux de l'accélération. C'est-à-dire que les diminutions de vitesse et de travail sont inversement proportionnelles l'une au carré, l'autre à la quatrième puissance du ralentissement.

Pour mieux exprimer ma pensée par un exemple. Si l'accélération est représentée par 2, la vitesse sera comme 4 et le travail comme 16. Si le ralentissement est représenté par 2, la vitesse sera comme 1/4 et le travail comme 1/16.

Les différentielles de la vitesse sont entre elles en rapport arithmétique, tandis que les vitesses sont en rapport géométrique.

Il résulte de ce qui précède que pendant la

période d'accélération : 1° la vitesse et par conséquent le débit de l'eau croissent dans une très-
forte proportion représentée par une deuxième
puissance ; 2° que le travail et par conséquent le
déplacement des matières croissent dans une
proportion bien plus grande, puisqu'ils sont
représentés par une quatrième puissance.

Réciproquement, pendant la période du ralentissement, le débit et le déplacement des matières
décroissent dans les mêmes proportions.

On s'explique très-bien les effets de l'accélération, en comparant les effets de petits coups
répétés qui finissent par détruire les plus grands
obstacles à ceux d'un seul grand coup.

On peut entrevoir de suite les conséquences
qu'on peut tirer de là, relativement à la marche
des matières.

Pendant la période d'accélération, et surtout
pendant sa phase croissante, il y a un tel déploie-
ment de force vive qu'il ne paraît pas possible que
les matières entraînées par l'eau puissent se
déposer. Au contraire, si le lit est affouillable, il
pourra se produire alors un creusement qui aug-
mentera encore la masse des matériaux déplacés.

Pendant la période de ralentissement de la

vitesse au contraire, la force vive décroît dans une telle proportion que si on suppose à ce moment une masse considérable de matériaux en mouvement, une grande partie de ces matériaux doit nécessairement s'arrêter et exhausser le lit.

Voilà la perturbation produite, et si on n'en tient pas compte dans les calculs, on sera exposé à commettre les plus graves erreurs. Ces erreurs seront d'autant plus grandes que cette perturbation produit des effets diamétralement opposés à ceux que l'on suppose.

En effet, si la différentielle est négative, ce qui arrive dans la période de ralentissement de la vitesse, le niveau de l'eau devrait baisser ; or, au contraire, par suite de l'exhaussement du lit, on voit se produire un fait dont la haute portée n'échappera pas aux hydrauliciens et sur lequel j'appelle toute leur attention, c'est que le niveau de l'eau montera et montera d'autant plus rapidement que la masse des matériaux en mouvement aura été plus considérable et que le ralentissement sera plus prononcé.

Sur les torrents, les effets de l'accélération et du ralentissement se révèlent à l'observation en devenant sensibles, mais sur les grands cours d'eau, on ne peut obtenir les différentielles que par des expériences fort délicates sur la vitesse et d'autant plus difficiles que la fonction de la vitesse se compose de trois variables, savoir : la masse d'eau, la section et la pente du lit, et que si l'on veut obtenir la différentielle d'une vitesse dérivant de la masse seule, il faut dégager la fonction des deux autres variables en rendant leur produit constant.

En d'autres termes, pour que les expériences à faire soient concluantes, il faut choisir une portion du cours du fleuve ayant une section et une pente constantes, ou bien, si on opère sur des points où ces conditions ne sont pas remplies, obtenir, par une formule de relation, la différentielle cherchée.

Ce qui complique la question, c'est qu'on ne peut pas faire ces expériences quand on veut. Toutes les mesures de vitesse prises pendant le cours ordinaire d'un fleuve n'enseignent rien, puisqu'à ce moment, des trois variables, la seule qui nous intéresse est constante. Pendant les crues ordinaires annuelles, il doit être même difficile de se rendre compte des effets prodigieux que peuvent produire l'accélération et le ralentissement. Ces effets, je l'ai dit, sont représentés l'un par une deuxième puissance, l'autre par une quatrième; de sorte que les plus légères variations de la différentielle produisent les plus considérables variations dans la vitesse et surtout dans le travail.

Il suit de là que quand le débit, dont on se préoccupe peut-être trop, ne varie que comme la vitesse, l'élément perturbateur, qu'on néglige peut-être trop, variera comme le carré de la vitesse, ou du moins suivant une série qui est fonction du carré de la vitesse, et pourra atteindre des proportions difficiles à imaginer. Ce n'est donc que pendant les très-grandes crues que les expériences sur la vitesse peuvent être concluantes, en démasquant cette inconnue qui se cache au fond des eaux, qui déjoue tous les calculs et se rit des plus minutieuses et des plus savantes investigations.

A raison de la gravité de la question et de la grandeur des intérêts engagés, peut-être serait-il possible, si on pouvait disposer d'un petit cours d'eau, à fond de gravier ou de sable, et dans lequel, au moyen de réservoirs, on pourrait produire l'accélération ou le ralentissement à volonté, de se rendre compte de ces effets compliqués et de faire des expériences qui pourraient mettre sur la voie de la vérité.

S'il est si difficile de faire des expériences précises, le point capital peut être facilement constaté, à savoir que le niveau de l'eau monte quand le ralentissement se produit, c'est-à-dire quand l'eau diminue, et dès-lors, quand on se sera assuré du fait lui-même, il sera plus facile de déterminer, par des expériences, dans quelle mesure le lit s'exhausse.

Essayons d'appliquer ces principes incontestables à ce qui se passe pendant les grandes crues et aux conditions que doivent remplir les ouvrages préservatifs de défense; endiguements, réservoirs ou déversoirs, pour produire leur maximum d'utilité.

A moins de supposer, sur un point du fleuve, une concentration subite d'eau telle que pourraient seuls la produire une trombe ou un cyclone qui sont très-rares dans nos latitudes, on peut admettre que pendant la période d'accélération de la vitesse, le débit qui croît dans des proportions considérables s'effectuera généralement en ne produisant qu'une élévation de niveau peu propre à inspirer des inquiétudes; d'autant plus qu'il y a alors presque toujours affouillement du lit, et que par conséquent la section augmente par en bas. C'est d'ailleurs le spectacle que nous offrent les cours d'eau qui charrient très-peu et qui suffi-sent toujours au débit des plus grandes crues. On les voit couler longtemps presqu'à pleins bords sans surmonter leurs digues. Pendant cette pério-de, c'est plutôt pour les fondations des ouvrages qu'il faut craindre que pour leur couronnement.

Le véritable danger coïncide avec la période de ralentissement. C'est alors que se forme l'exhaus-sement du lit; et on voit se produire ce fait, qui paraîtrait étrange de prime-abord, mais qui est positif, c'est que les digues sont surmontées quand l'eau diminue, et qu'elles le sont d'autant plus facilement que l'eau diminue d'une manière plus rapide. Je ne saurais trop, je le répète, appeler l'attention des hydrauliciens sur ce point capital de la question, et qui est probablement le point de départ de tous les mécomptes auxquels les calculs ont été exposés.

Il suit de là que les crues qui se prolongent sont moins dangereuses que celles qui se terminent brusquement.

Les faits signalés par le rapport ministériel le confirment. Je ne citerai que le passage relatif à la crue de la Loire-Inférieure. Il est dit : « *Malgré*

« *l'élévation et la persistance de cette crue, aucun*
« *ouvrage important n'a été gravement endom-*
« *magé.* » C'est *à cause*, aurait-il fallu dire, de la
persistance de la crue que cet heureux résultat a
été obtenu. Persistance due d'ailleurs à la lente
rentrée des eaux débordées dans le lit du fleuve.

Quand une grande crue se produit; que les
populations sont en émoi et toutes les autorités
en éveil, si un télégramme expédié des parties
supérieures du bassin annonce subitement que la
pluie a cessé, que les nuages ont été chassés et
que le soleil a reparu radieux, on se réjouit. Triste
illusion! C'est alors que le danger est le plus grand.
Un ralentissement brusque se produit, et les
digues sont rompues. Si mes souvenirs ne me
trompent pas, les choses ont dû se passer ainsi
cette année.

Les effets de l'accélération sont visibles entre
les piles rapprochées d'un pont, mais la conséquence qu'on en avait tirée, savoir, qu'il y aurait
avantage à resserrer partout les digues, était
fausse.

En effet, à l'entrée d'un goulot étroit, l'accélération se produit, mais bientôt elle cesse; ce
qu'on obtient, c'est seulement une vitesse géné-

rale plus grande qui est bien loin de produire les effets de l'accélération. Les dépôts se forment et l'augmentation de la vitesse est alors neutralisée par la diminution de la section.

Cet effet dû au rétrécissement des digues peut être utilement employé si on a un intérêt à prévenir les attérissements sur un point du parcours. Cet intérêt est considérable à l'embouchure des fleuves. Il est évident que là, si au lieu de donner aux digues des directions parallèles, ou, ce qui est pis, divergentes, on leur donne des directions convergentes vers l'aval, on produira une accélération continue qui réalisera la condition la plus favorable pour la chasse des matières. Plus la convergence sera prononcée, plus l'effet utile sera obtenu.

Il est intéressant d'examiner à ce point de vue nouveau ce qu'on doit attendre des réservoirs et des déversoirs. D'après le rapport ministériel, les hydrauliciens font en ce moment même une étude spéciale de cette importante question, et la solution qui ressort de la théorie que j'ai développée pourra peut-être leur être de quelque utilité. C'est le seul motif qui m'a décidé à faire cette publication,

Il paraît évident qu'on ne doit pas tant demander à ces ouvrages une diminution de la masse totale de l'eau qu'une régularisation de son écoulement. C'est-à-dire qu'il faudrait emmagasiner de l'eau pendant la période d'accélération, en tendant à diminuer par là la masse des matériaux déplacés, et restituer cette eau pendant la période de ralentissement pour neutraliser le dépôt des matières en accélérant la vitesse. A ce compte, ces ouvrages produiraient le même effet que le volant dans une machine.

Jusqu'à quel point serait-il possible de faire fonctionner avec une régularité suffisante ces gigantesques engins, c'est ce que je ne veux pas examiner. La chose paraîtrait tout au plus possible pour des petits cours d'eau ; mais ce que je ne puis me dispenser d'examiner, ce sont les dangers qu'ils pourraient faire courir dans certains cas. Il y a une chose évidente, c'est qu'au moment de l'entrée en action des réservoirs la masse d'eau diminue nécessairement ; mais d'un autre côté l'exhaussement du lit se produira d'une manière d'autant plus énergique qu'on aura attendu pour fermer les portes des réservoirs que la période d'accélération fût passée.

Pour se rendre compte de l'effet général produit, il faut donc pouvoir comparer l'abaissement de niveau qui résulterait de la diminution de la masse d'eau avec l'élévation de niveau qui serait la conséquence de l'exhaussement du lit. Si la première cause l'emporte sur la seconde, l'effet général sera utile; mais si l'inverse a lieu, on verra se produire ce fait inattendu, que le niveau de l'eau qu'on aurait cru faire baisser, monterait au contraire. Or il n'est pas facile de se rendre compte, pendant une crue extraordinaire, de la masse des matériaux mis en mouvement. C'est en cela surtout qu'il est tout-à-fait impossible de comparer entre elles deux grandes crues. J'ai vu à ce sujet les choses les plus bizarres.

La durée de la période d'accélération et surtout la manière dont elle se produit paraissent avoir la plus grande influence sur la mise en mouvement des matières et surtout sur leur accumulation sur certains points plutôt que sur d'autres.

Si on applique ces mêmes observations à la combinaison par laquelle on laisserait pénétrer les eaux des crues extraordinaires dans les vals endigués qui leur serviraient de récipients, on arrive aux mêmes conséquences. Cette soustraction d'eau peut être utile ou nuisible suivant la masse et la marche des matières.

Dans des cas donnés, on pourrait voir les digues se rompre en aval et peu loin des points de dérivation des eaux, précisément dans la partie du fleuve qu'on aurait eu envie de protéger.

Je n'ai pas la prétention d'avoir raison d'une manière absolue. Ce que je signale n'est vrai qu'autant que l'on suppose une grande masse de matériaux en mouvement. Les choses se passent ainsi dans la Durance. Mais, comme je n'ai point étudié la Loire, je me garderai d'émettre une opinion quelconque à son sujet. Je ferai seulement remarquer que si les choses sont ainsi sur la Durance qui charrie énormément, il est vrai, mais qui a une pente très-forte, des effets analogues, à un moindre degré peut-être, peuvent se produire sur la Loire ; car si elle charrie moins, elle a aussi une pente bien plus faible. Dès-lors les effets du ralentissement peuvent s'y produire avec une grande énergie, quoique la masse de matériaux en mouvement soit faible.

Ma conclusion est que des travaux de cette nature exigent une connaissance profonde du régime du cours d'eau dont on s'occupe, et que la moindre négligence à ce sujet peut conduire aux plus durs mécomptes. C'est aussi ce qu'enseigne malheureusement l'expérience.

En définitive, ce qui me sépare du rapport ministériel, c'est ceci : là où ce rapport ne voit exclusivement qu'une question de débit et des effets dus à une concentration extrême d'eau, je vois surtout les effets de la perturbation causée par les matériaux charriés. La vérité est peut-être entre les deux ; mais je devais vivement accentuer ma manière de voir, pour mieux attirer l'attention sur un ordre de faits dont la portée n'échappera à personne.

Je ferai voir, dans le chapitre suivant, avec quelle précision admirable les forêts de montagnes rendent naturellement et à point nommé, sans avoir à redouter aucune faute de calcul, les services qu'on demande aux réservoirs.

CHAPITRE II.

HYDRAULIQUE FORESTIÈRE.

Les ouvrages des hommes seront toujours en arrière, à une incommensurable distance des créations de la sagesse éternelle dont on ne dérange jamais les plans impunément.

Les forêts jouent, dans le phénomène des grandes crues, un rôle absolument analogue à celui du volant dans une machine ; elles emmagasinent la force pendant la période d'accélération et la restituent pendant celle de ralentissement.

On a beaucoup discuté sur le rôle des forêts et

leur utilité. Les plus grands savants n'ont pas dédaigné de s'occuper de cette question sans parvenir toutefois à se mettre d'accord. La question était posée d'une manière trop universelle. Les services que rendent les forêts sont en effet complexes et variés. Ils ne sont pas les mêmes en plaine ou en montagne, au nord ou au midi, ni dans tous les lieux, ni dans tous les climats, ni à tous les moments. Il n'est pas surprenant dès-lors que les opinions aient varié. Je crois donc devoir circonscrire la question au seul point de vue qui nous intéresse pour le moment, savoir, le rôle rempli par les forêts dans les hautes montagnes qui forment le bassin de réception des cours d'eau, pendant le seul moment des crues. Ici les faits parlent tellement haut qu'aucun doute ne peut subsister.

Les forêts garnissent ordinairement, jusqu'à la plus haute altitude permise à la végétation, les versants les plus rapides et les plus abruptes des bassins de réception. L'eau de pluie qui tombe sur ces surfaces boisées et fortement inclinées se répartit d'abord sur l'incroyable développement de surface qu'offrent les feuilles et les branches, surtout dans un bois touffu et élevé; sature à un très-haut degré la couche d'air interposée; et pénètre dans le sol, lequel, par suite de la pente et de l'action souterraine des racines, offre les mêmes dispositions qu'un terrain qu'on aurait drainé. Et, par suite, si la pluie continue, un écoulement se produit à la surface, mais cet écoulement est régularisé par les causes que je viens d'énumérer. Il se prolonge longtemps après que la pluie a cessé, et il remplit alors, à point nommé, le rôle qu'on destine aux réservoirs. Ce qui fait que même, au point de vue des crues, l'utilité des forêts a été contestée et même niée par les hommes les plus distingués, c'est qu'on n'avait pas encore signalé avec précision les lois hydrodynamiques des cours d'eau au moment des crues. On n'envisageait qu'une seule chose, la diminution de la quantité totale d'eau écoulée, sans tenir aucun compte du mode d'écoulement qui est cependant le point essentiel. Un terrain qui, à raison de l'état de sa surface, aurait en-glouti, sans en rendre une seule goutte, toute l'eau de pluie qu'il aurait reçue, était considéré comme l'idéal de l'utilité. C'est une erreur : de ce que les forêts fournissent encore une grande quantité d'eau pendant les interruptions ou à la fin des pluies, tandis que les autres surfaces n'en fournissent plus, on en concluait qu'elles étaient plus nuisibles qu'utiles. On raisonnait juste tant qu'on ne voyait le danger que dans le prolongement des crues, mais d'après ce que j'ai démontré, on doit voir, en se rendant à l'évidence, que c'est précisément par cette restitution de l'eau que les forêts remplissent, à un si haut degré et avec une précision qui étonnerait si quelque chose pouvait surprendre dans les harmonies de la création, le rôle puissant de modérateur sur les crues.

Ce rôle de modérateur ne s'arrête pas aux effets produits sur l'écoulement de l'eau à la surface du sol. Les forêts en produisent de plus grands encore par leur action sur l'atmosphère, et c'est par là qu'absolument comme un double volant interposé entre le ciel et la terre, elles modèrent et régularisent à la fois l'eau qui tombe et celle qui s'écoule.

Je serai bref sur la question si vaste de la météorologie. Je serais entraîné trop loin s'il me fallait parler de tous les phénomènes atmosphériques qui se produisent au moment des pluies, par l'action de causes soit locales soit générales ; phénomènes si variés et si curieux dans les pays de montagnes. Je me bornerai, pour les besoins du sujet, à établir que les forêts, pendant toute la durée des pluies, rendent à l'atmosphère une prodigieuse quantité de vapeur d'eau, soit par l'évaporation de l'eau répandue sur toutes les surfaces, soit par l'abondante transpiration des plantes. Pendant les éclaircies, il est facile de voir des brouillards se former au-dessus des bois et aller augmenter la masse des nuages. La conséquence de ce fait, c'est que la pluie dure plus longtemps, mais qu'elle tombe plus fine, avec moins de violence, et qu'elle se répartit plus uniformément sur toutes les parties du bassin.

Je ne crois pas avoir besoin d'en dire davantage. Les conséquences de cette action des forêts sur l'atmosphère parlent d'elles-mêmes, elles sont non moins importantes que celles qui sont relatives à l'écoulement de l'eau à la surface du sol.

L'irrégularité dans l'écoulement est pour ainsi dire la cause première de la perturbation qui se produit dans les cours d'eau pendant les crues ; mais on peut dire aussi que la cause occasionnelle est la présence des matériaux charriés. Si le cours d'eau ne charriait pas ou très-peu, les eaux soumises aux seules lois de l'hydrostatique s'écouleraient sans éprouver de résistance et dès-lors sans danger pour les rives. Nous sommes donc amenés à examiner un autre ordre d'idées et à chercher l'origine de cette masse énorme de matériaux qui envahit le lit des cours d'eau. Cette cause tient essentiellement à des phénomènes géologiques que nous allons étudier succintement dans le chapitre suivant.

CHAPITRE III.

GÉOLOGIE.

Si on voulait traiter l'important sujet qui nous occupe avec tous les développements qu'il comporte, ce n'est pas un simple mémoire, c'est un livre qu'il faudrait faire.

Dans ce problème si complexe, comme le dit fort bien le rapport ministériel, toutes les sciences ont leur part, et il faut savoir s'arrêter à ce qui est absolument indispensable pour mettre à jour la vérité que nous cherchons. Je serai donc aussi bref sur la géologie que je l'ai été sur la météorologie et l'hydraulique.

La nature géologique du sol est évidemment la cause la plus importante de la production des matériaux. Si on découvre, par la destruction de la végétation, des roches d'une grande dureté, elles ne se décomposeront que lentement et ne fourniront que peu de matériaux ; mais si on met à nu des terrains sans consistance, n'offrant par eux-mêmes aucune résistance à l'action des éléments si destructive, surtout à de grandes altitudes, ces terrains seront facilement désagrégés, ravinés et rempliront les vallées de leurs déjections. Tout est là. Les effets du déboisement et du dégazonnement sont funestes dans tous les pays de montagnes ; mais dans ceux où les roches primitives sont encore recouvertes de couches de terrains récemment formés et friables, ces effets sont désastreux. Alors on voit apparaître ces fougueux torrents dont M. l'ingénieur Surell a fait une description à laquelle je me garderai de rien ajouter.

L'étude si remarquable sur les torrents des Alpes que cet éminent ingénieur publiait dès 1841, en présageant tout ce qui se passe aujourd'hui,

me dispense de reproduire les lumineuses consi-
dérations qu'il a développées avec une vigueur
que je n'atteindrais certainement pas.

J'insisterai seulement sur un point.

Les torrents proprement dits, tels que les a
définis M. Surrell, divaguant sur un lit convexe,
au lieu d'être encaissés dans un lit concave, carac-
térisent une période géologique particulière par
laquelle ont passé toutes les chaînes de montagnes,
suivant leur âge. Quand un soulèvement se produit dans une vaste région en plaine et qu'un
système montagneux surgit, les couches sédimen-
taires les plus récemment formées, placées tout-
à-coup sur des plans fortement inclinés, ne
résistent pas à l'action érosive des eaux. Les
vallées se creusent, un énergique travail de
déblai se produit, et c'est alors que se forment ces
immenses surfaces d'alluvion quelquefois grandes
comme des royaumes. Pour les chaînes de montagnes les plus anciennement soulevées, comme les
Pyrénées et la Corse par exemple, cet immense travail géologique est achevé, et depuis longtemps les
montagnes sont parvenues à leur configuration
définitive. Avec la stabilité de la surface du sol
apparaît une puissante végétation qui achève la

consolidation. Les cours d'eau qui proviennent de ces chaînes de montagnes ne sont jamais redoutables. Ils peuvent causer un mal partiel, mais on n'a jamais à redouter de leur part ces inondations qui prennent les proportions d'une calamité publique.

Dans les chaînes de montagnes les plus jeunes, comme les Alpes françaises par exemple, ce travail n'est pas encore achevé. La période géologique torrentielle dure encore. Les sommités, au-dessus de 1,500 mètres d'altitude environ, sont déjà presque partout déblayées, et la charpente osseuse du globe, si je peux m'exprimer ainsi, apparaît à la surface : mais les flancs inférieurs des montagnes sont encore recouverts de terrains récents que les eaux ravinent avec une extrême facilité. Parmi ces terrains, il en est un surtout qui mérite d'être signalé d'une manière particulière, parce que sa présence dans le bassin d'un torrent est toujours l'indice des plus grands désordres. Ce sont des terrains de transport ou diluviums souvent d'une très-grande épaisseur et formés de débris amoncelés sans aucun ordre ni aucune cohésion, de sables, de terres et de pierres de toutes dimensions, depuis les plus petites jusqu'aux blocs de 50 mètres cubes; leur aspect et leur position indiquent avec la dernière évidence qu'ils sont le produit d'éboulements des crêtes supérieures de la montagne survenus probablement à l'époque du soulèvement. Ces terrains avaient acquis une certaine consolidation, grâce aux forêts qui avaient fini par s'y implanter. Mais partout où cette protection leur a été enlevée, ils se ravinent profondément et fournissent alors aux eaux des quantités vraiment prodigieuses de matériaux.

On peut donc conclure que, toutes circonstances égales d'ailleurs, le régime d'un cours d'eau sera toujours en rapport avec la nature géologique du sol de son bassin. Et que si on veut bien connaitre ce régime, il ne ne faut pas se contenter de l'étudier dans la partie inférieure du cours, mais qu'il faut acquérir une connaissance approfondie de son bassin de réception, en explorant avec le plus grand soin les montagnes d'où provient le cours d'eau.

Jusqu'à présent je n'ai fait que signaler les causes du mal ; on attend sans doute de moi que je parle du remède. C'est ce que je vais faire dans le chapitre suivant.

CHAPITRE IV.

REBOISEMENT DES MONTAGNES.

S'il fallait, pour produire un effet utile sur le régime des cours d'eau, reconstituer ces futaies séculaires qui couronnaient les montagnes, et dont il ne reste plus que des lambeaux pour attester, par les dimensions colossales de leurs arbres, ce que devaient être ces immenses dômes de verdure qui abritaient le sol à 30 ou 40 mètres d'élévation, je comprendrais les méfiances dont le reboisement peut être l'objet. Il faudrait beaucoup de temps en effet pour atteindre un pareil résultat. Pour reconstituer ces grands massifs, il faut suivre en sens inverse la marche suivie par la destruction ; c'est-à-dire améliorer le sol en ne lui demandant d'abord qu'une végétation herbacée ou ligneuse à basses tiges, et remonter lentement la pente qu'on a descendue si vite.

Mais la reconstitution de ces futaies n'est nullement nécessaire pour modérer la violence des cours d'eau et rendre facile leur endiguement qui est aujourd'hui impossible.

La première mesure indiquée par le bon sens, c'est de faire cesser partout immédiatement ces innombrables abus dont tous les terrains communaux sont l'objet et qui sont le dernier mot de la ruine des montagnes. Non-seulement on a détruit les forêts, mais on achève de détruire le gazon, on arrache tous les buissons, ét chose incroyable, dans certaines localités, on enlève même, pour en faire de l'engrais, la mince couche de terre qui couvre encore la roche sur certains points.

Dans les douloureuses circonstances où se trouve le pays, c'est pour moi un devoir impérieux de le proclamer ; si ces abus ne cessent pas partout immédiatement, on peut s'attendre aux plus grands désastres.

Ce ne serait là qu'un premier pas. On empêcherait le mal de s'aggraver, mais on ne remédierait pas au mal déjà fait.

La consolidation du sol doit être le point de départ de l'opération. Heureusement, pour atteindre ce but, la nature nous vient puissamment en aide. Sur la plus grande partie des terrains, il suffit d'interdire ou de réduire le parcours des moutons et des chèvres pour les voir, en très-peu d'années, couverts de végétation et complètement transformés. Voilà donc à notre disposition un moyen sûr, puissant, rapide et économique, puisque les frais se réduisent aux dépenses de la surveillance et aux indemnités à accorder aux communes, à raison de la privation temporaire d'une partie de leurs pâturages. Le gazonnement et la basse végétation forestière qui se produisent ne rendent pas des services identiques à ceux des forêts, mais il font un bien immense; le sol est abrité, et l'écoulement de l'eau, qui prenait de si grandes proportions avec le ravinement, est considérablement diminué.

Ce moyen de consolidation est parfaitement suffisant partout où le sol a une bonne assiette, et par conséquent je crois qu'on peut dire sans exagération sur les neuf dixièmes au moins de la surface à améliorer.

La simple mise en défends est insuffisante dans une partie seulement des bassins des torrents. Ce sont les versants rapides qui bordent leur canal d'écoulement: affouillés à leur base par le torrent, ravinés en tous sens, souvent désagrégés intérieurement par des infiltrations d'eau, ces terrains glissent ou s'éboulent et deviennent la source la plus abondante des matériaux que les torrents déversent dans les grands cours d'eau qui les reçoivent.

Il faut obtenir à tout prix la consolidation de ces terrains, et c'est là la tâche la plus difficile.

C'est dans cet ordre d'idées que nous avons marché depuis la mise à exécution de la loi du 28 juillet 1860.

En vue de la cessation des abus sur une grande échelle, nous avons donné à nos périmètres les plus grands développements. Ceux étudiés jusqu'à ce jour dans les Hautes-Alpes, au nombre de cinquante-quatre, embrassent une étendue totale de 82,969 hectares, savoir : 52,199 hectares dans le bassin de la Durance, et 30,770 hectares dans le bassin du Drac.

Les années 1861 et 1862 ont été consacrées à ces études préliminaires.

Les premiers décrets déclaratifs d'utilité publique, à cause de la longue information administrative qui doit les précéder d'après la loi, ne nous sont parvenus que vers la fin de 1863. Les travaux n'ont donc commencé qu'en 1864 et ont été poursuivis sans interruption. Nous avons dépensé en moyenne cent mille francs par an.

On n'attend pas de moi que j'entre dans de longs développements au sujet de nos travaux. Je les résumerai en peu de mots.

Pour consolider ces terrains si instables, il faut employer, concurremment avec le reboisement, des moyens de consolidation artificiels qui consistent en gros barrages en maçonnerie sèche dans le thalweg du torrent, en barrages plus petits échelonnés dans tous les ravins, et en longues lignes de clayonnages qui dessinent horizontalement tous les flancs des versants. Si des infiltrations provoquent des glissements, on draîne profondément le terrain au moyen de tranchées remplies de pierrailles. A l'abri de tous ces ouvrages qui se complètent et se soutiennent les uns les autres, nous prodiguons les plants, les graines fourragères et les graines forestières, afin que par tous les moyens la végétation s'empare le plus tôt possible de ces surfaces où on ne voyait plus un seul brin d'herbe.

L'opération du reboisement proprement dit, rejetée ainsi par la force des choses dans les plus mauvaises conditions de sol, sans le moindre abri, offrait des difficultés sérieuses. Nous les avons surmontées. Et par des procédés perfectionnés, nous en sommes à pouvoir garantir la réussite presque avec autant de certitude que pour des travaux d'art.

Un exemple de ce qui a été fait sur un point fera mieux saisir que des discours notre manière de procéder.

Parmi les douze torrents que nous avons attaqués à la fois, figure le torrent de Chagne, torrent de premier ordre qui a 20 kilomètres de longueur. Les crêtes qui dominent son bassin de réception atteignent 3,000 mètres d'altitude. Son embouchure dans la Durance est à 900 mètres. Il y a donc, entre ces deux points extrêmes, une différence de niveau de 2,000 mètres environ.

Toutes les eaux qui proviennent de son immense bassin de réception s'écoulent, par une gorge resserrée appelée le canal d'écoulement, par des pentes moyennes de six à huit pour cent. Il est difficile de se figurer ce que l'accélération doit développer de puissance dans de pareilles conditions, lorsque de grandes crues surviennent. Le torrent roule alors des blocs énormes.

Nous l'avons attaqué à la fois dans son bassin de réception et dans son canal d'écoulement.

Dans cette dernière partie, près du bourg de Guillestre, la rive droite est formée par des versants rapides que le torrent affouillait et qui étaient dans un état déplorable,

Au-dessus de ce versant est bâti un petit village appelé *Peyre*, dont toutes les maisons sont lézardées. La chapelle, complètement en ruines, a dû être abandonnée.

Pour consolider ce versant, il fallut construire un grand barrage. Cet ouvrage a huit mètres de hauteur moyenne, quatre mètres d'épaisseur minimum et vingt-cinq mètres de longueur. Il a été construit avec de très-gros blocs que le lit du torrent fournit en abondance. Il est entré dans cette construction, en y comprenant un large radier destiné à recevoir la chute d'eau, plus de 1,500 mètres cubes de matériaux. On a employé, pour le couronnement, des blocs spécialement choisis et on les a reliés entre eux par des barres de fer recourbées à leur extrémités et soudées dans la pierre afin que le tout ne fît qu'un pavé inébranlable sur lequel un ouragan d'eau était destiné à passer.

Ce barrage est achevé depuis deux ans. Il a résisté aux efforts des plus grandes crues sans qu'une pierre est bougé. Il est à peu près comblé en amont, et on n'a plus rien à craindre.

L'attérissement qu'il a produit jusqu'à ce jour dépasse 15,000 mètres cubes, et cette quantité de matières, sans le barrage, serait parvenue dans le lit de la Durance.

Mais ce n'est pas là l'effet le plus utile. L'attérissement qui s'est formé, en exhaussant le lit et en diminuant la pente, a parfaitement réalisé le but que nous cherchions en consolidant complètement le versant que nous avons couvert en même temps de clayonnages et de plantations qui ont parfaitement réussi.

Des chemins créés d'abord pour faciliter nos transports permettent de circuler partout, là où il y a trois ans les chèvres seules pouvaient avoir accès. En un mot, c'est une transformation complète.

Je ne tirerai pas les conclusions qui découlent de tout cet ordre de faits. J'arrêterai cette étude aux limites qui séparent la science de l'administration. Je ne puis me dispenser toutefois de faire remarquer en finissant combien paraîtrait peu rationnelle l'idée de vendre les forêts pour construire des réservoirs.

Château de Baratier (Hautes-Alpes), le 5 novembre 1866.